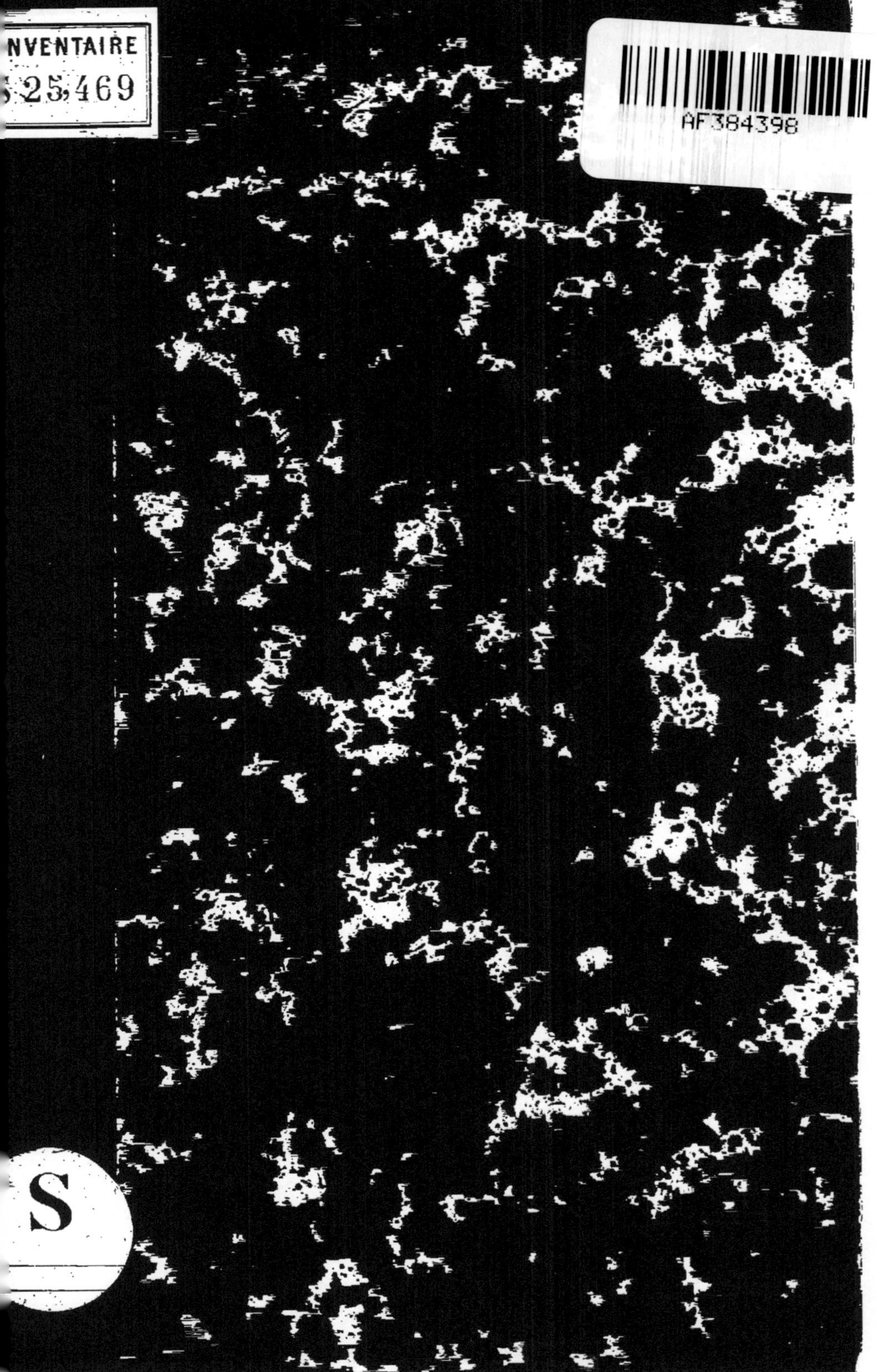

COUP-D'OEIL
RAPIDE

Sur les causes qui amènent le ravage des Torrens et Rivières, et sur la manière simple et peu dispendieuse de s'en garantir; Ouvrage mis à la portée de tout le monde, et dans lequel on fait aussi voir le danger de redresser les contours d'une Rivière, et la prudence qu'il faut avoir lorsqu'il s'agit d'employer de pareils moyens.

Par G.. M..... ancien Capitaine dans l'arme du Génie.

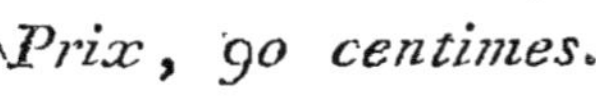

Prix, 90 centimes.

———————

A PARIS,

Chez MAGIMEL, Libraire pour l'Art Militaire et les Sciences et Arts, quai des Augustins, n°. 73, près le Pont-Neuf.

ET chez L'AUTEUR, rue de Bourgogne, n°. 1465.

———————

AN X. — 1801.

AVANT-PROPOS.

Lorsque l'on croit avoir des moyens qui pourraient devenir utiles à sa patrie, ce serait se rendre coupable que de ne pas les communiquer ; c'est pour s'éviter ce reproche, que nous publions ce petit Ouvrage : il n'offre pas un traité complet sur le cours des torrens et rivières; il indique simplement les vraies causes de leurs ravages : depuis 36 ans nous nous en sommes occupés sans cesse, et nous avons cherché dans les observations et l'expérience les moyens de s'en garantir.

Nous joignons aussi ici quelques réflexions sur le redressement des lits de rivières; et comme le but est de se mettre à la portée de l'homme qui, sans être savant, a néanmoins besoin de s'instruire sur les moyens de défendre sa propriété du ravage des eaux, nous avons supprimé tout ce qui aurait pu rendre cet Ouvrage trop scientifique, ainsi que beaucoup d'expériences que nous aurions pu rapporter pour grossir le volume, sans cependant donner une idée de plus.

Il serait inutile de dire que nous ne prétendons point indiquer des moyens de se garantir des tempêtes, où tous les élémens se réunissent pour apporter le ravage et la désolation; l'auteur seul de la nature peut remédier à de pareils désastres.

Pour se faire mieux entendre, il aurait fallu joindre à ce court mémoire des planches, pour indiquer figurativement ce que nous proposons; mais elles n'auraient pas été à la portée de tout le monde, et elles auraient augmenté le prix de cet Ouvrage.

COUP-D'OEIL

RAPIDE

Sur les causes qui amènent le ravage des Torrens et Rivières, et sur la manière simple et peu dispendieuse de s'en garantir.

INTRODUCTION.

LES réparations que l'on a faites, jusqu'à ce moment, à l'effet de se préserver du ravage des torrens, n'ont jamais présentées une sûreté suffisante pour remplir leur objet, par la raison que l'on ne s'est pas porté directement au principe du mal, puisque c'est toujours contre le seul volume des eaux que l'on a travaillé, et non contre les dépôts des matières : si l'on fait bien attention à la cause première de ces ravages, l'on

se convaincra que ce n'est pas tant ce volume d'eau que les torrens ramassent d ans
les tems d'orage, que les dépôts de matières qu'ils entraînent avec eux (*).

Nous allons nous expliquer et parcourir
en peu de mots, la principale cause du
mal ; nous indiquerons ensuite la manière
de s'en garantir.

Les eaux des torrens étant dans un frot-
tement continuel, à raison de leurs fouilles,
de leurs changemens de lits, des matières
qu'ils entraînent avec eux, et des fonds
raboteux sur lesquels ils roulent ; nous
ferons abstraction de cette force retarda-
trice, qui est, pour ainsi dire, commune à
toutes les molécules des torrens ; pour ne
voir leurs vîtesses, qu'à raison de la pente et
de la hauteur de l'eau , qui sont les deux
seuls moteurs qui constituent la force d'un
courant.

(*) Nous comprendrons ici, sous le nom de matières,
les pierres , cailloux , arbres , graviers et sables que
les torrens arrachent du sein des montagnes pour les
entraîner avec eux.

De la cause du ravage des Torrens , et de l'insuffisance des moyens employés jusqu'à ce moment pour s'en garantir.

Aux débouchés des montagnes, et dans les tems d'orage, les gros torrens qui ont encore toute la force que leur a procuré la pente, ou un lit invariablement retréci, entraînent avec eux des matières de toutes les grosseurs possibles, et toujours proportionnées à la force du courant, qui, en les arrachant du sein des montagnes, les a fait mouvoir.

1. Ces matières se déposent dans leurs cours, à mesure que la rapidité du courant diminue, en roulant sur un lit moins en pente , ou en obtenant un lit plus large qui, en diminuant la hauteur de l'eau en diminue à raison de ce la vîtesse : quoi qu'il en soit, l'une et l'autre de ces causes combinées ensemble ou séparément, donnent la force au volume d'eau d'entraîner ces matières, qui se déposent dans le lit du torrent, proportionnellement à la progression décrois-

sante de la force du courant et de la pesanteur des matières; en sorte que les plus pesantes se déposent les premières, et successivement les moindres, jusqu'à ce qu'enfin
il ne charrie plus que le sable et le menu
gravier, qui, à leur tour, vont former des
dépôts dans les rivières.

2. Chaque dépôt forme dans son ensemble
une barrière d'autant plus invincible, que
chaque matière qui a composé sa fondation, a
vaincu à elle seule la violence du torrent;
c'est ces dépôts qui, en s'opposant directement au chemin du courant, le force à
rassembler toutes ses forces pour se fouiller
une autre direction, et lui donnent pour
ainsi dire son habitude de fouiller ; car
sans ces dépôts, l'eau qui ne rencontrerait
aucun obstacle dans son chemin, le suivrait
naturellement, et n'irait pas se frayer une route
pénible, tandis qu'elle en posséderait une qui
ne lui donnerait aucun travail.

En effet, si l'on examine attentivement
après les crues les nouvelles fouilles des eaux,
l'on se convaincra qu'elles n'ont été produites
que par les dépôts, ou par quelques obstacles
naturels ou factices qui ont contrariés leurs
courans ; même dans le cours ordinaire des

torrens et rivières, on ne voit pas une de ces
fouilles sans que l'une de ces causes ne l'ait
procurée.

3. Suivant l'opinion de l'ingénieur Fabre,
qui a donné un ouvrage très-bien fait sur le
cours des torrens et rivières, la cause de leurs
ravages est le défrichement des montagnes :
nous sommes de son avis, à l'application
près, qui semble n'avoir de rapport qu'à
l'augmentation du volume d'eau isolé des
matières qu'il entraîne ; tandis que nous disons
que le ravage des eaux est principalement à
raison des dépôts de matières qui se forment
dans les lits, et quoique ces dépôts soient en
proportion avec la force du courant qui les a
amené, il n'en est pas moins vrai que sans eux
les torrens ne feraient aucuns ravages.

Avant le défrichement des montagnes, les
courans d'eau ne faisaient que très - peu ou
point de mal, et cette différence d'alors avec
leur état actuel, se fait encore sentir aujour-
d'hui ; en comparant les pays du nord qui
n'ont point été défrichés entièrement, à ceux
méridionaux, tels que la Provence ; où vu
la beauté du climat, le pays s'étant peuplé
plutôt, les premiers défrichemens ont com-
mencés à se faire, aussi voit-on que les mon-

tagnes du nord ont encore toute leurs terres végétales, tandis que les montagnes du midi en sont presqu'entièrement dépouillées : s'il en était autrement, et que les montagnes se fussent dépouillées avant les défrichemens, depuis l'intervalle de leurs créations jusqu'à nos jours, il n'en existerait pas une qui n'offrit le tableau des montagnes arides de la Provence ou de l'Espagne, qui, autrefois couvertes de terre végétale, étaient en pleine culture.

Avant le défrichement, les tems d'orage fournissaient sur la même superficie la même quantité d'eau qu'aujourd'hui, à la différence que le terrain étant plus dur, il n'avait pas le tems de s'imbiber, et il devait rendre l'eau presque dans son entier dans le moment de sa chûte ; au lieu qu'aujourd'hui les terrains continuellement remués par la culture sont dans le cas d'en retenir une partie : d'où il suit qu'avant le défrichement l'eau qui se rendait dans le lit du torrent, dans un moment d'orage, était plus considérable qu'après le défrichement, et qu'en lui donnant au moins le même volume, on n'a rien à objecter (a) ;

____

(a) Il faut cependant excepter de ce que nous disons

ainsi l'augmentation du volume d'eau causée par les défrichemens dont parle l'ingénieur Fabre, n'est pas vrai dans un moment d'orage, parce que sous cette dénomination, on doit en isoler le volume de matières qu'il entraîne; cette hypothèse ne pourrait être admissible que dans le cas où l'on voudrait comprendre l'un et l'autre volume sous la même dénomination, mais pour lors le nom simple d'un des volumes composant, ne convient en aucune manière à leur réunion.

Avant le défrichement, les matières retenues par les racines d'arbres n'étaient que difficilement arrachées; après le défrichement, ces mêmes matières sont préparées par la culture à suivre la première impulsion que leur donnera une force quelconque, qui tendra à les faire glisser ou rouler sur leurs pentes, c'est pour cette raison que les ravins se forment, se creusent, et rassemblent une assez grande quantité d'eau pour entraîner depuis les plus petites jusqu'aux plus grosses matières.

D'après cela, si l'on suit bien la grada-

---

ici, les montagnes entièrement dépouillées de leurs terres végétales, et qui ne présentent qu'une superficie de rochers.

tion du ravage des torrens depuis le défrichement des montagnes jusqu'à nos jours,
l'on verra qu'elle s'accorde parfaitement avec
la gradation du déblai des matières.

En effet, avant le défrichement, les ravages des eaux n'étaient presque point sensibles, quoique les torrens eussent au moins
le même volume d'eau ; et en partant du
premier terme de la progression croissante
des ravages, ces dégats devaient être relatifs
à la petite quantité de matières que la suite
des tems détachait des montagnes, puisqu'en
remontant la progression jusqu'au terme de
nos jours, il est de fait que les ravages
amenés par les torrens ont constamment
suivi la même progression que les déblais
des matières formant nécessairement des
dépôts.

4. D'où il suit que les ravages des torrens
doivent être attribués principalement aux
dépôts des matières : il résulte encore de ce
que l'on vient de dire, l'effet et preuve de
l'art. 2 : ainsi le volume d'eau n'a d'autre
relation avec les ravages, qu'à raison des
matières plus ou moins grosses qu'il a la force
d'entraîner, ou des obstacles qu'il rencontre
dans son chemin ; isolez-le de ces matières,

et ne lui présentez aucun obstacle qui con-
trarie son courant, il suivra tranquillement
le chemin qui ne lui donnera aucun travail
pour se procurer son écoulement.

Cela bien conçu, nous dirons que jusqu'ici,
pour se garantir du ravage des torrens, l'on
n'a travaillé que contre le volume d'eau et
point contre le volume des matières ; pour
le prouver, nous allons parcourir la manière
dont on s'est fortifié contre les eaux.

Il en existe deux, qui ont chacune leurs
partisans, c'est d'encaisser le lit des torrens
entre deux digues, qui laissent entr'elles, ou
un canal très-large, ou un canal très-
étroit.

5. Si le canal est très-large, il en résulte
que les dépôts de matières se forment plus
près des montagnes, en raison de ce que les
eaux n'étant pas resserrées ont moins de
hauteur, et en conséquence moins de vîtesse
et de force ; mais ces dépôts se font nécessairement suivant le cours du torrent qui les
entraîne, et dès le moment qu'ils se forment,
ils sont victorieux de sa violence : ils finissent
par s'amonceler tellement qu'ils arrêtent des
matières qui, sans cet obstacle, auraient été
entraînées plus loin ; ils présentent alors

une barrière invincible au courant de l'eau,
qui par-là se trouve forcé de se fouiller une
autre direction (2) (*b*).

Si le dépôt s'est formé de manière qu'il
soit indifférent au courant de renverser la
digue, ou de se fouiller un autre lit, il
est certain que si les digues sont assez fortes
pour résister au premier choc de l'eau,
le lit se trouvant spacieux, permet l'empla-
cement d'un nouveau canal que le plus fort
courant se fouille; il change pour lors son
cours, forme un contour entre les deux
digues, jusqu'à ce qu'un autre dépôt l'oblige
à un autre contour, et ainsi de suite; mais
dans ce cas le canal se remblaie nécessairement par les dépôts de matériaux, au point
que nous avons vu en Provence et dans le
haut Dauphiné, des lits de petits torrens,
ainsi contenus, exhaussés de 2 à 4 mètres
au - dessus des terrains qu'ils traversent, et
cela dans l'espace de dix à douze années,
quoique leurs lits fussent tracés en lignes
droites.

Ce que l'on dit ici est le plus favorable

(*b*) Ces chiffres sont des renvois aux articles qu'elles
désignent.

ιux torrens enfermés entre des digues spa-
cieuses ; mais qui peut assurer que le dépôt
se formera d'une manière qui puisse permettre le simple changement de lit dans la
seule largeur du canal : on est à portée de
voir tous les jours l'exemple du contraire,
et les torrens, forcés par la disposition de
leurs dépôts , se diriger contre les digues
qu'ils attaquent pour lors dans leurs fonde-
mens, et qu'ils finissent par culbuter, quelles
que soient leurs forces et leurs bonnes constructions (c).

(c) Il est bon d'observer que quand même le torrent remplirait toute la largeur des digues , les dépôts dont nous venons de parler n'en existeraient pas
moins au-dessous de la surface des eaux, et qu'ils y dé-
terminent un courant destructeur, à raison de ce qu'ils
barrent son chemin, et l'obligent de rassembler ses
forces pour se fouiller une autre direction.

Ceci est aussi une preuve que les dépôts de matériaux impriment une plus grande vîtesse aux tranches
inférieures d'un courant, puisque dans ce cas , quoique
la surface suive sa route ordinaire, il n'en existe pas
moins dans le fond une tranche dont la direction est
déterminée , et la force augmentée par la manière dont
le dépôt s'est formé.

Ce serait ici le cas de détailler les différentes ma-
nières dont se forment les dépôts, pour donner au

D'ailleurs comment renfermer entre deux digues tous les déblais énormes que les torrens tant soit peu considérables déposent par la suite des tems à leurs débouchés des montagnes, déblais impossibles à contenir sans un travail immense, à raison d'une hauteur incalculable de parapet ; alors si les digues sont rompues, le lit du torrent étant renfermé et plus élevé que le terrain, il s'ensuit que l'eau, ne pouvant plus rentrer dans son lit, cause des dégats épouvantables en se fouillant dans tous les sens de nouveaux canaux, et en comblant les terres par des dépôts de matières ; or, dans ces circonstances, il aurait mieux valu avoir laissé un libre cours au torrent, parce qu'alors ne trouvant point d'obstacles qui eût augmenté sa fureur ou qui l'eût empêché de retrouver son lit, il aurait été moins terrible.

6. En suivant le système de contenir les torrens entre des digues très - resserrées, afin d'obtenir une plus grande vîtesse à ses eaux ; si le torrent parcourt un long trajet

---

courant telle ou telle direction ; nous l'aurions fait, si cela devenait utile à l'objet que nous traitons ici ; mais il n'est pas au pouvoir de l'homme de ménager la formation de ces dépôts.

pour arriver à la rivière qui le reçoit, les matières seront entraînées plus loin que dans le premier cas, ét souvent poussées jusque dans les grandes plaines et dans les endroits les mieux cultivés ; mais il faut nécessairement qu'elles se déposent, et dès le moment que ce dépôt sera maçonné par le courant, il occupera toute la largeur du canal ; le torrent trouvant alors un obstacle qui a déjà vaincu sa force, et une impossibilité de se fouiller un autre canal dans la largeur de son lit, attaquera les digues, les culbutera, fussent-elles d'acier ; parce que si la digue était un moment plus forte que le dépôt, celui-ci sera poussé plus loin, jusqu'à ce qu'il forme un nouveau dépôt, où la digue sera de nouveau attaquée, et cette manœuvre existera jusqu'à ce qu'elle soit enfin rompue.

7. Si le trajet que le torrent a à parcourir pour arriver à la rivière est court, non-seulement les matières qui lui arrivent seront entraînées, mais même son lit sera déblayé; parce que les eaux seront devenues fouillantes (*d*), par la continuelle opposition des

---

, (*d*) Nous entendons par eaux fouillantes l'assemblage des forces que le courant est obligé de réunir

matières entraînées, plus pesantes que celles qui composent le fond du lit ; d'où il suivra que ces dernières seront aussi mises en mouvement ; et toutes ces matières réunies seront amenées dans le lit de la rivière, où elles formeront un dépôt, qui sera encore plus dangereux que dans le lit du torrent, en ce qu'il sera plus considérable et qu'il contrariera un plus grand volume d'eau, et presque toujours dans un terrain plus précieux à conserver. Ce systéme est donc encore plus dangereux que le premier (*e*).

---

pour se frayer une route ; c'est pendant ce travail inévitable, que se forment toutes les excavations que l'on voit dans le lit des torrens, et dont les formes varient, suivant l'assemblage des matières que le courant a la force de détacher du fond du lit : car dès le moment que la superficie, qui s'était établie assez tenace pour résister au courant lorsqu'il n'était pas contrarié, sera enlevée ; il se trouvera dans les couches inférieures d'une excavation profonde des matières plus légères, qui, à raison de ce, seront aisément enlevées.

(*e*) Nons sommes fâchés de n'être pas d'accord avec l'ingénieur Fabre, dont l'opinion est de resserrer les torrens entre deux digues très-rapprochées, pour que le lit du torrent soit déblayé, il obtiendra en effet ce qu'il demande, pour les torrens dont les trajets seront courts, ainsi qu'on l'a observé ci-dessus ; mais

Une largeur moyenne au canal n'est pas plus rassurante, et a les mêmes inconvéniens que ci-dessus.

Il devient inutile de citer ici des faits, qui ne sont que trop connus : tous ceux qui ont attentivement observé les torrens dans leurs grandes crues, reconnaîtront que c'est leur histoire que l'on vient de faire ; en conséquence, et d'après tout ce que l'on a dit, on ne saurait disputer :

---

non pour les trajets de longs cours. Nous pourrions citer beaucoup d'exemple ; un seul suffit.

On a suivi exactement son système au torrent de Voreppe, petit bourg à deux fortes lieues au-dessous de Grenoble : que l'on en demande le résultat aux habitans de l'endroit ; on répondra que jamais le torrent n'avait fait autant de mal, qu'il a rompu en plusieurs endroits les digues les plus fortes et les mieux construites que l'on ait jamais fait, pour porter sur les terres, avec la désolation, un dépôt immense de matières ; et ce malheur a été encore préférable, à celui d'amener ces matières dans le lit de l'Isère où ce torrent se jette, puisque l'on s'était déjà apperçu que les matières que les petits orages y avaient entraînées, faisaient un tort considérable aux riverains opposés, et gênaient beaucoup le débit de cette rivière, ainsi que sa navigation ; en un mot, l'histoire de ce torrent est celle que nous avons donné à l'article 6.

8. Que la principale cause du ravage des torrens, est les dépôts de matières; car sans eux, il serait aisé, ainsi qu'on va le voir, de maintenir la plus grande vîtesse ou force de l'eàu au milieu de son lit; par ce moyen on ne courrait plus le danger d'avoir à combattre un courant destructeur, pour lors, il n'y aurait plus à craindre que les inondations momentanées, dont il serait encore très-aisé de se garantir.

9. Que tout courant d'eau dégagé des principales matières qu'il entraîne, ne fouillera jamais dès le moment qu'on l'obligera de déposer sur ses bords le reste des petites matières qu'il entraîne, telles que le sable; par ce moyen, le milieu de son lit, où existe sa plus grande force, sera toujours à l'abri de tout dépôt, et ne sera jamais dirigé contre les digues ou les rivages.

10. Qu'enfin, la manière dont on s'est fortifié, jusqu'à ce moment, contre le ravage des torrens, est insuffisante; puisqu'il semble que l'on ait simplement voulu combattre le seul volume d'eau isolé de matières, et non les dépôts, cause principale de tous les ravages; car les simples digues, bien loin de les combattre, favorisent leurs rassemble-

mens, et leurs arrivées sur les endroits les plus dangereux (5 , 6 , 7). (*f*).

11. Il en est de même des rivières sujettes à des crues d'eau ; ici ce ne sont pas les grosses matières, à moins qu'on ne les y eut amenées par un torrent resserré entre des digues (*g*), mais bien le sable et le gra-

-----

(*f*) Il doit être entendu que si l'on se contente de faire une simple digue sur l'un des bords d'un torrent ou d'une rivière, il arrive pour lors que cette digue présentant une résistance plus forte que celle du bord opposé, le courant la laisse dans son entier pour se jetter sur la rive opposée, qu'il faut pour lors se résoudre à abandonner à toute la fureur du courant : mais il peut cependant arriver, et cela se voit tous les jours, que les dépôts se forment de manière à obliger le courant à se jetter contre la digue, et souvent à la culbuter.

(*g*) Il est clair que ceux qui indiquent de pareils moyens, ne font aucune attention aux dépôts de matières, parce sans cela, ils ne proposeraient pas de les amener dans le lit d'une rivière, où ils doivent combattre un plus grand volume d'eau, et, à raison de ce, causer un plus grand ravage. Ils ne prétendront pas sans doute que la rivière entraînera ces matières jusqu'à la mer, le seul endroit où elles pourraient les déposer sans danger, abstraction faite cependant de la navigation à son embouchure.

La manière dont on se préserve contre les ravages

vier, qui forme les dépôts. Trouver le moyen de tenir les lits de torrens et de rivières purgés de leurs dépôts, et loger les eaux de l'inondation, est le seul problème qu'il faut chercher, pour se défendre contre le ravage des eaux, et c'est celui que l'on va tâcher de résoudre.

Méthode pour se garantir du ravage des torrens et rivières.

12. Nous venons de dire que si l'on parvient à empêcher les dépôts de se former dans la direction du courant, à maintenir la plus grande vîtesse dans le milieu de la largeur du lit, et à loger les eaux des crues, le problême sera résolu.

Pour en venir à bout, il serait inutile de chercher à maîtriser dans leurs dépôts les grosses matières que le courant entraîne ; ainsi,

---

des eaux, nous a engagé à nous étendre un peu pour prouver que ce sont les seuls dépôts qui sont la principale cause du ravage des torrens. Cette idée est partagée par une partie de ceux qui habitent près des torrens ; il est à desirer que les ingénieurs qui sont dans le cas de proposer des projets sur cette partie, prennent pour premier principe du mal ces dépôts de matières, et travaillent en consèquence à s'en garantir.

la première chose qui se présente naturellement, c'est de les retenir dans les montagnes
qui les fournissent. Voici ce que nous proposons avec la hardiesse que les remarques et l'expérience ont donné , toutes les fois que nous
avons été à portée de faire usage des moyens
que nous donnons ici.

13. C'est de profiter des endroits où le
torrent est encaissé, pour y construire plusieurs barres de suite , dont les distances et
le nombre seront réglés , suivant la pente du
lit , la force et le volume des eaux : or ces
encaissemens existent presque toujours dans
le cours des torrens, à leurs débouchés des
montagnes dans les plaines ou vallons ; ce
sera toujours ces emplacemens que l'on
choisira , afin de rendre la direction du courant invariable ; et qu'en abandonnant les
pentes qui fournissent les grosses matières ,
ils ne soient pas dans le cas de s'en recharger.

Ces barres auront une forme demi-circulaire,
leurs convexités seront opposées en amont au
courant de l'eau ; elles auront des culées inva-
riables , très-aisées à trouver ou à former dans
les lits encaissés : les moëllons des escarpes seront taillés en forme de voussoirs, posés à sec,
et leurs paremens extérieurs auront le moins

de talus possible. Au moyen de cette construction, où le torrent ne pourra que les resserrer et non les ébranler, il sera obligé de
déposer contre les barres les matières qu'il
entraînera avec lui : par-là le vide qu'elles
présenteront sera bientôt comblé.

Ces barres ne s'éleveront qu'à mesure que
le torrent les comblera, et on les exhaussera
graduellement, jusqu'à ce qu'elles forment
le lit de ce torrent en petites plaines de niveau,
se donnant toutes la main ; en sorte qu'elles présenteront une espèce d'escalier, dont chaque
plaine sera la foulée, la barre qui la termine
la hauteur de la marche (*h*).

(*h*) L'opinion de l'ingénieur Fabre est de ne pas
construire les barres en pierres, parce qu'il prétend
que le torrent affouille leurs pieds ; à cela nous lui
répondrons que l'exemple du contraire existe dans les
barres bien placées que l'on voit dans les montagnes ;
que l'inconvénient dont il parle pourrait seulement résulter de ce que, si en partant du pied 'de la barre, la
pente du lit était très-rapide, encore faudrait-il que
ce lit fût sujet à être fouillé ; car s'il est établi sur
un fond de rocher, ainsi qu'ils le sont presque tous
dans les pentes rapides, il n'en résulterait pas l'inconvénient qu'il craint. Mais dans les barres que vous
proposons, leurs bases seront d'autant plus à l'abri
des fouilles, qu'elles seront établies sur un lit dont

L'expérience prouve tous les jours, par les barres que l'on construit dans les montagnes, que ces petites plaines se forment aisément sur un plan de niveau, par les matières qui sont successivement retenues, à mesure que l'on élève les barres; très-souvent un torrent amène lui-même toutes les pierres nécessaires à leurs constructions : en sorte que ces ouvrages sont, dans tous les cas, très-peu dispendieux, et cela d'autant plus, que l'on emploie à leurs établissemens plusieurs années.

Le lit du torrent ainsi formé, le courant commencera à perdre une partie de sa force, en parcourant la première plaine, cette force sera encore brisée par la chute de la première barre, et cela malgré l'augmentation de la vîtesse dans le moment de la chute de l'eau, parce qu'elle frappera le fond suivant une direction presque verticale; et la vîtesse de sa répercussion, de quel-

---

la pente sera la plus foible possible ; que bien loin d'être déblayées, elles seront remblayées , soit parce que les petites plaines doivent toutes se tendre la main , soit parce que la pente du lit ne procurera pas au courant la force d'entraîner, après sa chute, les grosses matières qui se déposeront au pied de la barre.

que manière qu'elle se fasse, sera en partie anéantie par les eaux plus tranquille de la seconde plaine : c'est pour obtenir cet effet, que l'on exige aux paremens des escarpes, un talus approchant de la verticale, afin que rien ne gêne le courant, pour tomber aussi verticalement que sa force d'impulsion pourra le lui permettre.

Le premier dépôt commencera à se former sur la seconde plaine, s'il n'a pas déjà commencé sur la première ; parce que le courant aura déjà perdu, en la parcourant, une partie de sa première force.

Le même raisonnement existe de la seconde plaine à la troisième ; et de suite pour la quatrième, et pour un plus grand nombre de barres, si elles devenaient nécessaires pour dompter entièrement la violence du courant, et l'obliger à déposer toutes les matières, que les eaux n'auraient pas la force d'entraîner, dans la vîtesse ordinaire qu'elles doivent avoir pour parcourir les plaines qu'elles ont à traverser.

14. Il est très-essentiel de construire les barres, dans un lit solidement encaissé par les contreforts de montagnes, que leurs extrémités aillent s'appuyer contre les pentes ou escarpemens qui doivent leur servir de

parois, en sorte qu'elles ne laissent aucuns passages intermédiaires au-dessous du niveau de leur couronnement, par où l'eau puisse se frayer un chemin.

Les digues ne sauraient remplacer ces parois de contreforts : parce que quelques fortes qu'on pût les faire, elles seraient rompues ; que d'ailleurs il peut survenir des orages, qui fournissent une telle quantité d'eau, qu'elles ne sauraient les contenir : or il faut se mettre absolument à l'abri de pareils événemens.

Cette observation a paru d'autant plus nécessaire à faire, que l'on pourrait citer dans quelques réparations de torrens, des barres construites entre les digues, mais dont les dispositions et l'isolement n'ont jamais dû produire l'effet de celles que nous donnons ici, et peuvent amener à des résultats fâcheux, ainsi qu'on le verra ci-après.

Il est indispensable de conserver au lit la forme indiquée ci-dessus ; et lorsque les plaines seront parvenues au point de leur perfection, c'est-à-dire, lorsqu'elles se donneront toutes la main ; il faudra avoir attention, dans les grandes crues d'eau, de déblayer les matières qui s'y seraient déposées ;

ou plutôt, pour moins d'ouvrage, il faudra les disposer en exhaussement de barres ; car de cette méthode, il ne peut résulter qu'un mieux, sans qu'elle amène aucun inconvénient ; sans cette précaution, par la suite des tems, les petites plaines et les barres disparaîtraient, pour laisser reprendre au lit sa première pente.

15. Il faut aussi faire attention de donner le plus de longueur possible à ces petites plaines ; plus elles seront longues, plus on sera sûr d'obtenir tout l'effet que l'on desire : il deviendrait presque inutile de les faire courtes, parce que l'eau n'aurait pas le tems de perdre sa vîtesse ; ainsi, s'il est possible, leur moindre longueur doit être de 100 mètres, et l'on doit en obtenir, si cela peut se faire, de 3 à 400 mètres. Ce ne sera qu'un mieux, si le lit du torrent dessine des contours entre les barres (*i*).

(*i*) Nous n'avons point fait mention de la vîtesse que le courant acquiert à l'approche du saut des barres, parce qu'elle se fond dans celle de sa chute verticale ; mais ici, elle devient encore une raison de plus pour donner aux petites plaines le plus de longueur possible, afin que le courant ait le tems de calmer sa fureur, en roulant sur un lit de niveau, avant de

Si le torrent dont il faut se garantir était d'une violence, telle, qu'il fût difficile de le dompter entièrement, il faudrait pour lors l'attaquer en détail, en retenant par quelques barres, les plus grosses matières des principaux torrens qui le fournissent, sans cependant y apporter tous les soins exigés pour celles ci - dessus, parce que le but de ces barres ne serait que de diminuer le nombre de matières entraînées par le torrent, et non de n'en laisser échapper aucunes.

Quoique nous n'ayons rien proposé que d'après ce que l'expérience locale nous démontre tous les jours, dans ces sortes d'ouvrages, nous parlerons cependant ici d'une expérience qui vient à l'appui de ce que l'on a avancé.

Quatre canaux en planches de 13 décimèt. de longueur, sur 3 de largeur et de hauteur, ont été disposés ainsi que dessus, en escalier; en sorte que leurs fonds étaient de niveau : à l'entrée du premier canal supérieur, on a placé un autre canal de 19 décimètres de longueur, que l'on a incliné de 15 degrés, avec un entonnoir à large débit à la partie supé-

---

parvenir aux points où cette dernière vîtesse commence à se faire sentir.

rieure , que l'on a tenu constamment plein pendant l'espace d'un quart-d'heure, d'une eau balotée avec du sable et du gravier de toute grosseur.

Il en est résulté que la vîtesse du canal incliné s'est progressivement détruite, de la même manière que l'on vient de décrire; que le gros gravier s'était déjà arrêté sur le premier canal, le menu gravier sur le second, le gros sable sur le troisième, et le sable fin, qui avait eu le tems de se déposer, sur le quatrième.

Cette expérience, jointe aux remarques que nous avons faites, et que l'on peut vérifier tous les jours en examinant les différentes barres, qui existent dans les montagnes; où l'on voit que les grosses matières se sont arrêtées sur leurs plaines, et que celles qui se sont échappées auraient été retenues, si elles avoient parcouru une suite de barres ou de petites plaines, telles que celles dont on vient de parler. Il n'échappera donc aux barres, ainsi disposées, que le sable fin qui roule avec l'eau , et dont les dépôts , quoique dans une moindre vîtesse , ne peuvent se former que par une suite de tems que le courant ne peut acquérir dans le peu de chemin qu'il parcourt à la dernière plaine , mais qu'une pente que le torrent retrouvera, dans son lit naturel, à la sortie des barres, poussera plus loin, et disposera ainsi qu'on le verra ci-après.

Cela bien entendu, il doit être prouvé, qu'au moyen des barres, disposées ainsi que dessus, on retiendra toutes les grosses matières, qu'un courant ordinaire n'aurait pas la force de baloter. Il ne s'agit donc plus que de contenir invariablement le volume d'eau dans le lit du torrent, et l'empêcher d'inonder les campagnes.

16. Comme l'on n'a plus de dépôts nuisibles à craindre, l'on parviendra aisément à maintenir la plus grande vîtesse de l'eau, suivant la direction du milieu de son canal, en y fixant sa plus grande hauteur, au moyen d'une cunette ou petit fossé, dont la profondeur au-dessous du lit du torrent n'aura besoin que d'avoir au plus un mètre, et moins, s'il est nécessaire ; les bords en seront retenus par un simple parement en pierre sèche ; sa largeur et même sa profondeur seront réglés, en sorte que les eaux ordinaires du torrent puissent en remplir parfaitement la capacité ; et dans le cas où le torrent fournira des cailloux, on pourra en payer le fond.

On se garantira des inondations par de simples levées en gravier, puisées dans le canal du torrent, dont on établira le fond du lit en pente des digues à la cunette. Ces digues laisseront entr'elles une largeur assez considérable, pour contenir un volume d'eau bien au-dessus de la fourniture des orages les plus violens.

Il est maintenant aisé de prouver que les digues en graviers, ne seront jamais attaquées, et que la cunette sera à l'abri d'être comblée.

17. La plus grande vîtesse du courant sera maintenue au milieu de son lit, par la cunette, puisque ce sera sur sa direction que se trouvera la plus grande hauteur de l'eau; et cette vîtesse ira en décroissant, ainsi que cette hauteur d'eau, jusques sur les bords du canal où sont placés les digues. D'où il résultera que les sables ou menus graviers échappés aux barres, se trouvant dans le même milieu, fuiront cette plus grande vîtesse qui trouble leur tranquillité, c'est-à-dire le lit de la cunette pour chercher leur repos dans la moindre force qui existe contre les digues; ainsi celles-ci, bien loin d'être déblayées, seront toujours remblayées, dans toutes les crues

d'eau

d'eau sujettes à se charger, ou à entraîner les matières échappées aux barres.

Ceci n'a pas besoin d'expérience, et se voit clairement, en observant la manière dont se forme les dépôts dans les lits de rivières, où l'on voit que chaque matière en son particulier, fuit la plus grande force qui la met en mouvement, pour passer successivement dans les moindres, jusqu'à ce qu'elle parvienne à celle qui, n'ayant plus la force de l'entraîner, lui procure son repos ; en sorte que le fond du lit, sur lequel roule le plus fort courant, est toujours nétoyé du menu gravier ; s'il y reste quelques matières, ce sont toujours des cailloux ou du gros gravier que le courant n'a pas la force de baloter après leurs repos (ici ces matières ne seront plus à craindre, puisqu'elles resteront sur les barres) ; ensuite, à mesure que l'on s'éloigne du plus fort courant, pour arriver sur les bords du lit, l'on trouve les graviers, le gros sable, et enfin le sable le plus fin (*k*).

____

(*k*) Suivant l'opinion de l'ingénieur Fabre, le fond du lit des rivières s'approfondit de plus en plus ; il a raison , lorsque la rivière vient de se former un nouveau canal , elle creusera son lit jusqu'au moment où elle sera établie sur un fond capable de

18. La cunette ne pourra donc être remblayée dans les crues d'eau, puisque l'on

---

résister à la force de son courant, ou lorsque quelques dépôts ou quelques obstacles rebelles la forceront de creuser (voyez note *d*). Ce sont ces résultats qui semblent donner cette propriété aux rivières. Mais il n'en est pas moins vrai que les plaines se sont exhaussées aux dépens des montagnes, depuis leurs défrichemens, et que les fonds de lits de rivières ont subi le même sort. Il existe une église aux environs de Digne en Provence, dont le sol de l'intérieur était autrefois au niveau du terrain, et maintenant il faut dix à douze marches pour y descendre. Tous les jours on est obligé de découvrir les bâtimens et les chemins des anciens qui se trouvent maintenant de beaucoup au-dessous du niveau actuel des terres. Or si pendant ces remblais les rivières eussent encore creusé leurs lits, il en résulterait que leurs excavations actuelles seraient très-profondes, ce qui est sans exemple dans les plaines : il n'en est pas de même des montagnes, où l'on voit les torrens se former tous les jours des excavations très-profondes. Il est inutile de trop s'appésantir sur une vérité connue de tout le monde, que les plaines se sont remblayées aux dépens des montagnes.

Nous n'avons pas l'intention de faire ici la critique de l'ouvrage de l'ingénieur Fabre, auquel nous nous empressons de rendre justice, vu les talens distingués qu'il y a déployé. Mais comme tout homme est

aura eu attention qu'elle ne contienne au
plus que les eaux ordinaires du torrent, en
sorte qu'à leurs moindres crues, c'est-à-dire,
dans les seuls momens où elles se chargent
de matières, elles déborderont dans le canal
et rejeteront hors de la cunette toutes les
matières échappées aux barres ; aussi, pour
être sûr de ce dernier avantage, il faut observer qu'il serait plus avantageux que la cunette ne contînt pas toutes les eaux ordinaires,
que d'en contenir une plus grande quantité ;

---

sujet à erreur, nous nous croyons d'autant plus obligé
de relever celles que nous voyons dans son ouvrage,
que celui-ci a plus de mérite, et qu'à raison de ce,
ces erreurs peuvent séduire et entraîner à des moyens
dont les résultats pourraient ne pas donner ce que
l'on demande. Au reste, cet ingénieur, ainsi que
tous ceux qui l'ont précédé, n'ont pas fait toute
l'attention que mérite les dépôts de matières, puisqu'ils sont la principale cause du ravage des torrens,
et que par eux on explique parfaitement tous les
différens caprices des courans d'eau ; aussi nous
osons assurer que tant qu'on ne détruira pas cette cause
première, jamais on ne viendra à bout de se re-
trancher avec certitude contre les torrens. Il y a
quatorze ans qu'en parlant contre le projet du redressement du lit de l'Isère, l'on avait indiqué le
moyen que l'on donne ici ; mais n'ayant pas été pu-
blié, il a resté inconnu.

parce qu'alors les petites crues, sujettes à se charger, ne sauraient rejeter ces matières hors de la cunette, si elles y étaient entièrement contenues.

Si le torrent dont il faut se garantir était à sec hors les tems d'orage, il faudroit toujours y pratiquer une cunette, qui, dans le cas de quelques dépôts de sable ou de menu gravier délaissés au fond de son lit par le dernier écoulement, seroit toujours déblayés lors des grandes crues, pour peu que cette cunette conservât quelque profondeur au-dessous du lit du torrent.

Pour se préserver de l'irruption des rivières, on doit suivre à-peu-près le même systême que pour les torrens, en resserrant le plus possible leurs lits ordinaires, afin qu'à la moindre crue, l'eau puisse déborder, et contenir ensuite le volume de l'inondation entre deux digues faites simplement par des levées en terre ou en gravier.

19. Le moyen de retenir une rivière dans son lit, est de planter sur ses bords, au refus du mouton, une simple rangée de pilots espacés tant plein que vide, dont les têtes doivent être absolument noyées au-dessous de la surface des plus basses eaux, afin d'éviter

la pourriture qui commence toujours par les parties exposées à l'air.

Ce qui nous a donné cette idée, c'est que nous avions été à portée de voir que des particuliers peu aisés, s'étaient contentés d'enfoncer des piquets au refus de la masse sur les bords de la rivière, par ce simple moyen ils avaient garanti leurs possessions et renvoyé le courant qui venait se jeter sur eux.

D'abord l'on s'expliqua pourquoi ces piquets avaient résisté à une force à laquelle succombaient souvent les plus fortes digues ; c'est qu'ils ne se présentaient pas d'une manière trop rebelle au courant, qu'ils le laissaient même échapper dans leurs intervalles, que cependant ils rompaient assez sa violence pour l'empêcher de se creuser et de miner le terrain qui était en arrière d'eux ; que même dans la supposition qu'il eût été miné, il l'aurait retenu après sa rupture. Ainsi ces piquets n'opposaient point au courant une résistance totale, capable de le mettre en fureur et de l'obliger de se creuser un passage : au lieu que les digues présentant un obstacle total au courant, l'obligeait de rassembler toutes ses forces pour se fouiller un écoulement, qui étant pour lui d'une nécessité absolue, le force toujours d'en venir à bout quelque soit l'obstacle qu'on lui oppose.

Nous avons éprouvé par la suite que pour renvoyer un courant au milieu de son lit, une simple rangée de pilots était suffisante, et qu'il ne fallait pas les lui opposer d'une manière trop rebelle, mais bien dans une direction approchante de celle de son cours (*l*).

Nous remarquâmes ensuite que les terrains

(*l*) Nous citerions ici des faits, si cela n'entraînait pas à allonger un mémoire que nous voulons rendre le plus bref possible. Au reste, ce n'est pas l'opinion de l'ingénieur Fabre, puisqu'il prétend qu'il faut opposer au courant des digues qui lui soit perpendiculaires. Pour réfuter un projet aussi dangereux, nous nous contenterons de lui faire une seule question. Comment pourra-t-il assurer que la nouvelle fouille que le courant se trouvera obligé de faire, ne deviendra pas nuisible ; quand même le lit de la rivière se trouveroit contenu par des digues ? un pareil barrage ne représentera-t-il pas au moins les mêmes inconvéniens que les dépôts dont on a parlé ci-dessus, principale cause du ravage des eaux.

Les digues ainsi perpendiculaires aux courans, ne sont praticables que dans les lits invariablement encaissés, ainsi qu'on l'a fait voir aux barres que nous proposons ; parce qu'alors le courant est forcé de rester dans son lit, et ne peut se fouiller une autre direction.

des bords de rivières , qui étaient emportés , avaient pour cause une fouille des eaux, faite, non vers leur surface , mais , à quelque distance du fond du lit ; et lorsque la cavité était formée , le terrain se rompait et tombait dans la rivière ; d'où il résultait que la plus grande vitesse n'était pas à la surface , par la raison que si elle y avait existé , les fouilles se seraient faites près de cette surface , et cela d'autant plus , que le terrain est ordinairement moins tenace dans cette partie-là que vers le fond du lit.

Or, sans entrer dans les différentes opinions de ceux qui ont parlé sur les vîtesses des différentes tranches intermédiaires d'un courant qui a une certaine profondeur, on peut attribuer cette plus grande vîtesse inférieure à un dépôt au fond du lit qui la détermine, en obligeant les tranches inférieures, de parcourir un canal rétréci ou de rassembler leurs forces pour se procurer un écoulement. Quoi qu'il en soit , toutes les fouilles des rivières se commencent au-dessous du niveau des eaux ordinaires, et dans ce cas, les piquets, espacés tant plein que vide , donnant un passage à l'eau en rompant cependant une partie de sa force, font plus d'effet qu'une digue qui barre totalement tout° passage au courant; comme il est de nécessité que celui-ci se procure son écoulement, il en résulte que si le dépôt a fini par vaincre totalement la force de ce courant, la digue est renversée (6).

Nous ne détaillerons point ici plusieurs expériences que l'on fit sur les différentes vîtesses de chaque tranche d'un courant, qui avait environ deux mètres de hauteur ordinaire d'eau, et qui roulait sur un lit de sable et menu gravier d'environ 110 mètres de largeur.

Leur résultat fut que la plus grande vîtesse était à environ deux pieds au-dessus du fond du lit, que de là elle allait en progression décroissante vers la surface et vers le fond, et que la vîtesse de la surface surpassait, et quelquefois était presqu'égale à celle du fond. Nous fîmes sonder le lit, nous trouvâmes, en suivant la direction du courant où l'expérience s'était faite, que le fond du canal était rétréci.

D'autres expériences, faites par différens auteurs, prouvent que la vîtesse de la surface est plus forte. D'autres citent des cas où ce sont les vîtesses des tranches intermédiaires; ces deux opinions sont toutes les deux vraies; mais l'on pourrait se tromper dans l'explication que l'on en donne, puisque l'on peut attribuer les caprices d'un courant aux seuls dépôts de matières. Nous allons nous expliquer ; pour cela, nous supposerons qu'une rivière coule sur un lit d'une pente bien décidée, et dont les eaux ne sont chargées d'aucune matière : il est clair que nulle cause ne dérangeant le courant, il marchera uniformément avec une vîtesse proportionnée à sa pente et à sa hauteur.

Maintenant que l'on barre entièrement le fond du lit par un obstacle dont la sommité soit au-dessous du plan de la surface du courant, il résultera de là deux effets qui seront en rapport avec la conformation du lit.

Le premier, si le lit est solidement encaissé et ses parois à l'abri d'être fouillés, les tranches inférieures ne pouvant se frayer un autre chemin, rassembleront leurs forces pour passer au-dessus de la barre, et imprimeront aux tranches supérieures, une force capable de les faire remonter et décrire une courbe au-dessus de la barre ; dans ce cas, cet obstacle aura nécessairement imprimé aux tranches inférieures, une force d'autant plus forte, qu'elle aura fait soulever un plus grand volume d'eau ; et cette force, si cela devenait nécessaire, s'augmenterait à raison de l'obstacle et de la hauteur d'eau qu'elle aurait à soulever, pour se procurer le moyen de franchir la barre : il résulte donc de ce cas-ci, que l'obstacle a augmenté la force et la vîtesse des tranches inférieures du courant (*m*).

Le second effet le plus ordinaire est que les tranches inférieures, vu la pesanteur du volume d'eau des tranches supérieures qu'elles ont à soulever, étant obligées de rassembler moins de forces pour se fouiller une autre direction, préfèrent ce dernier parti, et attaquent, à raison de ce ou le bord du lit ou se frayent un autre chemin dans ce lit, si la barre n'en occupe pas toute la largeur. Mais il n'en est pas moins vrai que ces tranches inférieures pour se frayer un autre chemin,

---

(*m*) Ces courbes se voient dessinés sur la surface d'un torrent, lorsque son fond est garni de grosses pierres; elles forment des ondulations. Si cependant la pente du courant était extraordinairement faible, alors la barre n'étant pas frappé par une vîtesse sensible, produirait simplement un refoulement dans les tranches inférieures de la rivière; mais celles qui sont dans ce cas, ne font aucuns ravages.

emploient une vîtesse plus forte que celle de la surface , et toujours suffisante pour vaincre l'obstacle qu'on leur présente quel qu'il soit ; cette vîtesse peut se conserver, si le nouveau canal que les eaux se sont formé se maintient plus étroit que celui qu'elles viennent de quitter.

Ceci explique tous les caprices des courans d'une rivière que l'on a vérifiés en les faisant sonder ; ce qui est encore appuyé par ce qu'en dit le citoyen Bossut , membre de l'Institut national , en rapportant l'expérience de Mariote sur une petite rivière , où il a trouvé, dans un courant resserré par les piles d'un pont , que les vîtesses des tranches inférieures étaient les plus fortes, et cela malgré que la surface éprouvât le même resserrement : combien eussent-elles été encore plus fortes, si la seule surface n'eût pas été resserrée ?

Nous ne saurions trop nous étendre pour prouver que ce sont les dépôts qui sont la principale cause du ravage des eaux : l'on espère qu'un corps aussi distingué et aussi instruit que les ingénieurs des ponts et chaussées, feront sur cet objet la plus sérieuse attention ; car tout ce que nous disons ici est la suite des remarques et des expériences que nous avons été à portée de faire pendant trente-six ans.

Nous pouvons donc conclure de tout ce que nous venons de dire, qu'une simple rangée de pilots plantés tant plein que vide, au refus du mouton, sera suffisante pour resserrer invariablement le lit de la rivière. Pour maintenir ensuite les grandes crues d'eau, de simples levées en terre ménagées à quelque distance des bords seront suffisantes ; parce qu'ici, ainsi qu'aux torrens, la plus grande force du courant suivra le lit de la rivière, qui, étant rétréci, tiendra la place de la cunette, et auquel on appliquera le même raisonnement, la même attention et les mêmes preuves.

Du danger de redresser les contours d'une rivière.

Il est à propos de parler ici d'un projet destructeur que l'on proposait pour garantir la ville de Grenoble des inondations auxquelles elle est sujette, on pourra en faire l'application sur toutes les rivières qui, sans être forcées par aucun accident, forment naturellement des contours.

La ville de Grenoble est située au fond

l'un bassin, dont l'ouverture est rétrécie à trois lieues au-dessous de la ville, par un rocher dit l'Echaillon et la montagne de Vorêpe. Ce bassin est traversé par le torrent du Drac et la rivière d'Isère , comme ils ramassent les eaux d'une partie des Hautes-Alpes , ils sont sujets tous les deux à des crues d'eau extraordinaires : les sources du Drac étant plus rapprochées, le débordement de ce torrent arrive ordinairement vingt-quatre heures avant celui de l'Isère, et l'un et l'autre de ces torrens se joignent à une petite lieue au-dessous de Grenoble (*n*).

(*n*) Le Drac se joignait autrefois à l'Isère, près la ville de Grenoble, et son courant frappait presque perpendiculairement celui de l'Isère , dónt la vîtesse et le débit était retardé à raison de ce; pour lors les inondations étaient bien plus fréquentes que depuis que l'on a donné au Drac une direction tellement oblique à celle de l'Isère , que bien loin de retarder sa vîtesse , il l'augmente de beaucoup. Mais depuis cette excellente opération pour Grenoble, les parties inférieures à la nouvelle jonction sont plus fréquemment et plus fortement inondées qu'auparavant ; d'où il résulte que la plus grande vîtesse imprimée par cette opération , s'est bientôt perdue, et n'a été favorable que pour Grenoble ; tandis que les parties inférieures ont acquises en mal tout le bien procuré à cette ville par cette opération.

La partie inférieure du cours de l'Isère, réunie à celle du Drac, s'est mise à-peu-près en ligne droite depuis Grenoble jusqu'au rocher de l'Echaillon, afin de procurer le plus de débit possible à la fourniture surabondante de la partie supérieure.

Le cours supérieur de l'Isère depuis Grenoble jusqu'à la Gache, forme neuf lieues de contours, sur à-peu-près six lieues en ligne directe, et ces contours s'étendent encore plus loin dans la vallée de Montmeillan ; ils ont été contraints de se former, ainsi qu'on le dira ci-après, par le peu de débit de la partie inférieure qui n'est point proportionnée à la fourniture supérieure, puisqu'il en résulte des inondations lors des eaux surabondantes.

La fourniture de l'Isère est à-peu-près le double de celle du Drac.

Cela posé et entendu pour garantir Grenoble de l'inondation, l'on proposait de redresser les contours supérieurs à la ville jusqu'à la Gache, et de suite dans la vallée de Montmeillan.

Par ce moyen, sur neuf lieues de contours réduits à six lieues en ligne directe, l'on augmentait la pente du lit d'un tiers, et à raison

de ce, la vîtesse, et par conséquent la fourniture ; l'on rapprochait le moment de l'arrivée
des eaux sur Grenoble ; on y accumulait,
presque, dans le même intervalle de tems,
une partie des eaux qui séjournaient pendant
trois jours dans la vallée supérieure, qui
pour lors n'aurait point eu d'inondation ; de
plus encore, on rapprochait l'inondation de
l'Isère de celle du Drac, puisque le redressement de son lit devait se prolonger bien au-
dessus de la Gache, et se rapprocher par-là
des sources de cette rivière.

Et à tout cela, le débit inférieur restait
le même, c'est-à-dire, que l'on ne pouvait
augmenter la pente de la partie inférieure du
cours, puisque son lit était presqu'en ligne
droite jusqu'au rocher de l'Echaillon.

Cette partie-là n'aurait donc eu de plus
grande vîtesse que celle acquise par l'impulsion de la vîtesse supérieure, qui se serait
infailliblement perdue en roulant sur sa pente
ordinaire (Voyez note n), plus celle qui serait
acquise par une plus grande hauteur d'eau,
c'est-à-dire, par une plus forte inondation
sur la ville de Grenoble.

Ce projet avait été présenté anciennement par des personnes que le public devait

et était accoutumé de respecter par leurs
talens et leurs états ; reproduit il y a environ douze ou treize ans, et unanimement
accepté, parce que l'on n'osait pas se douter,
vu la réputation et les talens de ceux qui le
proposaient, qu'il dût être nuisible.

Nous dûmes désapprouver un pareil projet, et nous fîmes revenir de leur ivresse
tous ceux qui voulaient écouter , en leur
disant simplement : « Si le débit inférieur n'a
pas suffi à débiter toutes les eaux de la partie
supérieure avant le redressement de son lit,
comment suffira-t-il à débiter toutes celles
qu'on accumule de plus sur la ville, et presque dans le même moment, par le redressement supérieur et par le rapprochement des
deux inondations du Drac et de l'Isère » ?
Ainsi, pour préserver Grenoble des inondations, bien loin de diminuer les contours
supérieurs, il faudrait les augmenter, afin
d'affaiblir la fourniture momentanée , et
donner le tems à la partie inférieure de la
débiter : ce projet était donc l'inverse de ce
qu'il devait être.

Il ne faut pas ici du savoir, il ne faut que
du bon sens pour sentir tout le ridicule d'un
pareil projet, qui heureusement coûtait de

neuf

neuf à dix millions: nous croyons voir une nécessité d'autant plus urgente à le combattre ici, que son exécution acceptée par le gouvernement d'alors, ne semble que différée; qu'elle est même desirée par beaucoup de personnes, qui, pleines de confiance dans les talens de ceux qui ont proposé ce projet, n'y voient que les promesses qu'on leur a faites, sans se douter en aucune manière qu'il puisse devenir dangereux et nuisible (*o*).

Ce fut à la suite de ce projet que nous fîmes des expériences pour s'assurer encore plus de son absurdité : nous allons en citer une.

(*o*) Nous pouvons calmer l'inquiétude des riverains de l'Isère, puisqu'en suivant les moyens que l'on indique dans ce Mémoire, et sans redresser les contours supérieurs, on leur rendra le terrain surabondant que son lit occupe, et on leur assurera le reste de leurs possessions, moyennant la somme de 1,500,000 liv. au plus.

Ce projet fut donné à la commission intermédiaire en 1790, et il a resté dans l'oubli, par les événemens qui se sont succédés.

Quant au moyen de garantir la ville de Grenoble de l'inondation, il résulte de l'exécution du projet supérieur, et de quelques autres précautions, simples, sages, et très-peu dispendieuses, que nous nous ferons un devoir de communiquer en tems et lieu.

Nous fîmes faire deux caisses de quatre mètres de longueur sur soixante - cinq centimètres de largeur et de hauteur ; nous en garnîmes le fond d'une couche de sable, de douze centimètres d'épaisseur, bien pétrie avec de la colle ; nous la laissâmes sécher jusqu'au point d'obtenir une consistance à-peu-près égale à celle du terrain ordinaire, avec le soin de réparer les fentes qu'elle pouvait former en se séchant.

Nous donnâmes à ces caisses, sur toutes leurs longueurs, une pente d'un centimètre, et nous pratiquâmes aux extrémités supérieures un réservoir qui, au moyen d'un orifice, devait fournir dans les deux caisses une même quantité d'eau, et aux extrémités inférieures, un autre orifice, qui dans l'une des caisses donnait un débit égal à la fourniture, et dans l'autre un moindre débit.

. L'on creusa ensuite dans la caisse où le débit était égal à la fourniture, un canal tracé en contour de huit centimètres de largeur, sur trois de profondeur, dont la capacité, vu les contours, ne pouvait contenir toute la fourniture d'eau du réservoir supérieur ; dans la caisse où le débit était moins fort que la fourniture, un canal en ligne droite de même dimension que le premier, et dont la capacité pouvait contenir toute la fourniture d'eau, vu qu'il profitait de toute la pente de la caisse.

Cela fait, on ouvrit les orifices du réservoir, que l'on eut soin d'entretenir plein d'eau ; il résulta que :

Le canal faisant des contours, forma d'abord un débordement à la partie supérieure de la caisse, attendu que ce canal ne pouvait contenir toute la fourniture d'eau ; mais comme le débit inférieur se trouvait égal à cette fourniture, peu-à-peu les contours se détruisirent, et au bout de deux heures le canal prit une direction directe par où l'eau s'écoula sans former d'inondation.

La conclusion que nous tirâmes de cette expérience, fut qu'un canal formant des contours, prendrait naturellement une direction en ligne droite, dès les momens qu'on lui procurerait un débit inférieur égal à la fourniture supérieure : ainsi cette propension des courans d'eau, pour se mettre en ligne droite, dont parle l'ingénieur Fabre, n'est relative qu'au débit inférieur.

Le canal en ligne droite, dont le débit était moindre que la fourniture ; l'inondation se forma dans toute la caisse en commençant par la partie inférieure ; on l'entretint assez long-tems pour donner le tems à l'eau de dilater un peu le terrain ; l'on trouva, après l'écoulement des eaux, un canal qui avait déjà formé quelques contours : en répétant cette manœuvre plusieurs fois, le canal finit par se tracer en lignes courbes sur toute sa longueur.

Nous conclûmes de cette expérience l'inverse de la première, c'est-à-dire, qu'un canal en ligne droite dont on rendrait le débit inférieur moindre que la fourniture supérieure, formerait naturellement des sinuosités.

D'après cette expérience, confirmée par beaucoup d'autres, et sur-tout par les résultats que les rivières et torrens produisent toujours aux yeux de celui qui examine attentivement les effets de leurs cours, il est clair que l'on doit être très-réservé, lorsque l'on propose des redressemens de lits de rivières, d'autant plus que leurs contours ne proviennent que du peu de débit de leurs parties inférieures, à moins qu'il ne se trouve des obstacles naturels ou factices qui les obligent à former ces contours. Mais dans le projet du redressement du lit de l'Isère au-dessus de Grenoble, on ne peut alléguer, pour la formation de ses contours, des obstacles qui les auraient déterminés, puisque cette rivière a fouillé et changé son lit sur toute l'étendue de la plaine où elle coule. Il doit être prouvé, d'après tout ce que l'on vient de dire, que les contours supérieurs ne se sont formés qu'à raison de ce que le débit inférieur n'était point proportionné à la fourniture supérieure, et que pour cette même raison, le cours inférieur s'est presque mis en ligne droite pour débiter le plus possible.

Nous n'avons point parlé de la navigation supérieure qui aurait été interrompue, puisque la navigation actuelle est à peine praticable, malgré les contours de l'Isère.

Pour soutenir ce projet de redressement, on imagina d'abord de creuser plusieurs canaux, ou un canal très-large, à la partie inférieure ; à cela nous n'eûmes qu'une question à faire. Peut-on par ce moyen augmenter la pente, et procurer par là à l'écoulement des canaux une vîtesse plus considérable ? Non. Eh bien, tous ces canaux, quelles que soient leurs largeurs et leur nombre, n'auront pas plus de pente que celle du terrain, et seront, pour cette raison, insuffisans pour débiter la fourniture supérieure, qui ne peut s'obtenir avec certitude que pour un augmentation dans la pente du lit.

Les partisans du projet, toujours balotés, pour trouver un moyen de remédier à son défaut évident, imaginèrent encore de rétrécir le canal inférieur, à l'effet de procurer aux eaux ainsi resserrées, une plus grande vîtesse, et en conséquence un plus grand débit : il est aisé de prouver que ce projet est encore mal entendu.

On ne peut procurer aux eaux un plus grand débit, qu'en leur imprimant une plus grande vîtesse. Or, sur une même pente, on ne peut acquérir cette vîtesse qu'en augmentant la hauteur de l'eau, puisque celle que l'on peut acquérir par une augmentation de pente est nulle ; et il résulte d'une plus grande hauteur d'eau, une plus forte inondation et des digues exhaussées dans la même proportion (*p*).

(*p*) Et cela malgré l'opinion d'un auteur qui prétend que les digues qui resserrent un courant donnent moins de hauteur d'eau et un plus grand débit : il est de fait que ce plus grand débit n'est qu'à raison de la plus grande hauteur d'eau ; car malgré que le courant, passant d'un lit plus large dans un plus resserré, augmente de

D'... dans l'exécution d'un pareil

Donc ce projet, abstraction faite de l'augmentation de l'inondation qu'il occasionne, est
absurde si on ne renferme pas tous les ruisseaux entre des digues, ou si on ne leur creuse
pas de nouveaux canaux, et l'exécution d'une
pareille entreprise devient impossible, vu l'é-
normité de la dépense. D'ailleurs, qui peut
répondre que les digues ne seront pas rompues ? Elles le seraient tôt ou tard en quelques
points ; et pour lors quel ravage effroyable n'en
résulterait-il pas ?

Le projet de préserver Grenoble des inondations, aurait été proposable, si les contours
de l'Isère étaient au-dessous de cette ville ;
en leur donnant un canal en ligne directe,
Grenoble n'aurait plus eu d'inondation à
craindre ; mais il aurait fallu laisser sub-
sister les contours supérieurs, et exposer le
terrain inférieur au redressement , à moins
que l'on n'eût trouvé le moyen de redresser des
contours jusqu'à la mer, ou jusqu'à un endroit
où le lit de la rivière se trouverait encaissé
par une longue suite de rochers ou de contre-

---

donner le plus de largeur possible au canal renfermé
entre les digues en terre ou gravier, pour contenir les
eaux de l'inondation sur la moindre hauteur possible.

forts de montagnes : bien entendu, dans ce dernier cas, que la surabondance d'eau que l'on aurait amenée sur les plaines situées au-delà des montagnes, ne leur aurait pas été nuisible ; encore aurait-il fallu redresser les contours en sorte que l'on n'eût pas donné plus de pente à un endroit qu'à un autre ; c'est-à-dire, que dans ces sortes d'opérations, l'augmentation de la pente doit être également acquise sur toute la longueur du cours jusqu'au point où l'on n'a plus à redouter la surabondance d'eau, et ce point ne peut être que la mer.

Hors de ce que l'on vient de dire, nous ne voyons pas qu'il soit prudent de déranger la marche que le cours d'une rivière s'est naturellement formée, pour en redresser simplement quelques contours ; car, dans ces sortes d'opérations, les parties inférieures sont toujours sacrifiées à l'amélioration des parties supérieures.

Ce que nous venons de dire ne regarde point les torrens ou ruisseaux dont les volumes d'eau ne sont pas assez considérables, pour qu'en redressant leurs contours, ils puissent amener à des résultats trop sensibles.

La petite digression que l'on vient de faire

au sujet du projet du redressement du lit de l'Isère , est d'autant plus essentielle , que toutes les rivières sont dans le même cas , et qu'il est bon de se mettre en garde contre tout projet qui , pour favoriser un local , tend à la destruction d'un autre.

Conclusions.

Si , sans prétention quelconque que celle du bien public, nous nous sommes assez bien expliqué pour que l'on ait saisi tout ce que nous avons voulu dire, on se sera assuré que la méthode que nous proposons ici est la plus sage , la meilleure , ou plutôt la seule connue jusqu'à ce jour (ou du moins venue à notre connaissance), qui se porte directement aux principes qui occasionnent le ravage des eaux ; elle est , sans contredit , la moins dispendieuse.

Que l'on compare l'énorme dépense des jetées en pierre , avec celles des barres, des petits paremens de cunette, dont les matériaux se trouveront souvent sur le local , et des simples rangs de pilotis qui sont les seuls ouvrages qui peuvent exiger une fourniture. On ne parle point des jetées en terre ou en gravier , qui ne sont qu'un déblai et remblai local sans aucun roulage éloigné, ouvrage manouvrier, ordinairement le moins dispendieux, et que l'on peut faire faire par les troupes.

Pour se convaincre de l'économie qui en résulte, il ne faut que comparer le projet du redressement du lit de l'Isère au-dessus de Grenoble, qui a été calculé de 9 à 10 millions de dépenses, avec ce même proiet, basé sur les moyens que nous proposons ici ; il ne coûtera qu'environ un million, en ajoutant un tiers pour les dépenses imprévues, il ne saurait aller au-delà de 14 à 1500 mille francs ; or cette somme, pour se trouver, n'aura pas besoin du secours du gouvernement ; il n'est aucun particulier riverain qui ne donne, avec empressement, 50 à 60 fr. par septerée ou arpent, pour recouvrer ou se conserver la propriété invariable de son terrain.

Quoique ce mémoire soit court, vu l'objet qu'il traite, nous croyons en avoir assez dit, pour qu'un particulier, avec tant soit peu de connaissance, puisse faire faire tout ce que l'on y indique pour se garantir du ravage des torrens et rivières ; car tous les procédés en sont simples, et se réduisent :

A la construction des barres, et le choix de leurs emplacemens (*r*).

(*r*) Pour la construction des barres , il n'y a pas un

A creuser une cunette ou petit fossé dans le milieu du lit du torrent (*s*).

---

seul maçon, dans les pays de montagnes, qui ne les sache faire. Quant aux emplacemens , ils se trouvent fixés naturellement aux débouchés des torrens dans les plaines ou vallons , au premier endroit où l'on trouve leurs lits encaissés entre des rochers ou des pentes de montagnes ; en sorte que l'on puisse être maître du courant , et le retenir invariablement fixé dans son lit, ainsi qu'on l'a déjà dit (art. 13 et 14).

L'on doit appuyer les barres contre les rochers ou pentes, avec l'attention de choisir les parties du lit qui seront les moins en pente , pour que l'on puisse donner la plus grande longueur possible aux petites plaines , qui doivent absolument se tendre la main (art. 15) ; pour obtenir tout de ces avantages , on ne doit pas craindre de faire ces barres trop exhaussées, parce que leurs fondations maçonnées par les dépôts du courant , seront toujours assez fortes pour soutenir toute hauteur quelconque.

Une autre observation encore bien essentielle , c'est de ne pas choisir les endroits où le refoulement des eaux occasionnée par les barres, puisse amener une inondation dans les parties d'un vallon en plaine, qui serait situé au-dessus des barres : il faut ménager ses pentes en conséquence.

(*s*) Ces cunettes partiront du pied de la dernière barre , et l'on aura soin de maintenir leurs directions le plus en ligne droite que faire se pourra. Si l'on était obligé de former des angles , il faudrait les

À resserrer le lit d'une rivière par un simple rang de pilotis (*t*).

---

faire très-obtus , ou les arrondir insensiblement aux angles aigus, pour que le courant ne trouve aucun obstacle qui lui fasse changer brusquement sa direction. Il n'est pas absolument essentiel que leur direction occupe le milieu exact du lit, pourvu que la cunette ne s'approche pas trop des digues , et laisse un intervalle pour les dépôts ; il en résultera le même effet (art. 17). L'on aura toujours soin que sa capacité suffise à peine pour loger les eaux ordidinaire du torrent (art. 16 et 18).

(*t*) Ces pilotis, ainsi que nous l'avons déjà dit, seront espacés tant pleins que vides ; ils manqueraient leur but, si on laissait entr'eux, trop ou trop peu d'intervalle ; trop , le courant pourrait pénétrer avec un rassemblement de force trop considérable , et par là parvenir à fouiller les pilotis ; trop peu , il en résulterait le même inconvénient qu'aux digues, puisqu'ils ne laisseraient pas entr'eux assez d'intervalle pour l'écoulement des eaux (art. 19), et dans ces deux cas, les pilots seraient fouillés. Il n'y a pas de charpentier qui ne soit dans le cas d'exécuter un pareil ouvrage.

Il faut donc bien se garder de charger la tête des pilots en pierre, puisqu'il est absolument nécessaire que le courant ne rencontre pas un obstacle total. Nous pourrions citer ici beaucoup d'expérience ; nous nous contenterons d'un seul exemple.

Le plus fort courant de l'Isère venait frapper la tête de la citadelle de Grenoble , et l'on s'apperce-

A jeter des digues en gravier ou en terre *(u)*.

Et enfin à ne pas s'écarter des principes indiqués dans ce mémoire ; par là, l'on ne doit pas être embarrassé de savoir ménager tous les courans possibles, et se garantir de leurs ravages.

P. S. Nous avons dit, en parlant du danger de redresser les contours d'une Rivière,

---

vait tous les jours qu'il fouillait les fondations des revêtemens. Pour remédier à cet inconvénient, le général de Rozière, pour lors directeur des fortifications, nous envoya le projet d'une digue rebelle, qu'on lui avait proposé de mettre à la tête de l'angle saillant du bastion, et qui selon nous devait hâter la fouille en aval des revêtemens ; nous la remplaçâmes par de simples pilots, dont la direction n'était point rebelle ; il en résulta un attérissement en arrière des pilots, et que la plus grande vitesse de l'eau fut renvoyée au milieu de son lit.

(u) L'on aura attention de laisser entre ces digues un canal de la plus grande largeur possible, afin que les eaux de l'inondation qu'il doit loger, coulent sur très-peu de hauteur, ou du moins sur une hauteur réglée, pour que l'eau n'acquiert pas un trop grand débit, et ne donne par là une fourniture qui pourrait être à charge aux parties inférieures, et que le refoulement des eaux, par les ouvertures qu'on sera obligé

que nous ne faisions pas mention de la navigation : nous aurions pu prouver que les redressemens , bien loin de la favoriser , lui
étoient très-nuisibles , et qu'elle demande
de même plutôt une augmentation qu'une
diminution de contours, afin de diminuer la
pente du lit, et se procurer par ce moyen
la plus grande hauteur d'eau possible.

---

de ménager à la digue pour l'écoulement des eaux,
ne puisse pas devenir dangereuses.

Les remblais de ces digues seront pris en recreu-
sant le canal en pente des digues à la cunette ou au
lit de la rivière, et tout manœuvre un peu entendu ,
peut exécuter un pareil ouvrage , parce qu'ici il n'est
pas nécessaire d'un nivellement fort exact, d'autant
plus qu'il est déjà donné par la pente des eaux.

De l'imprimerie-Demonville, rue Christine n°. 12.

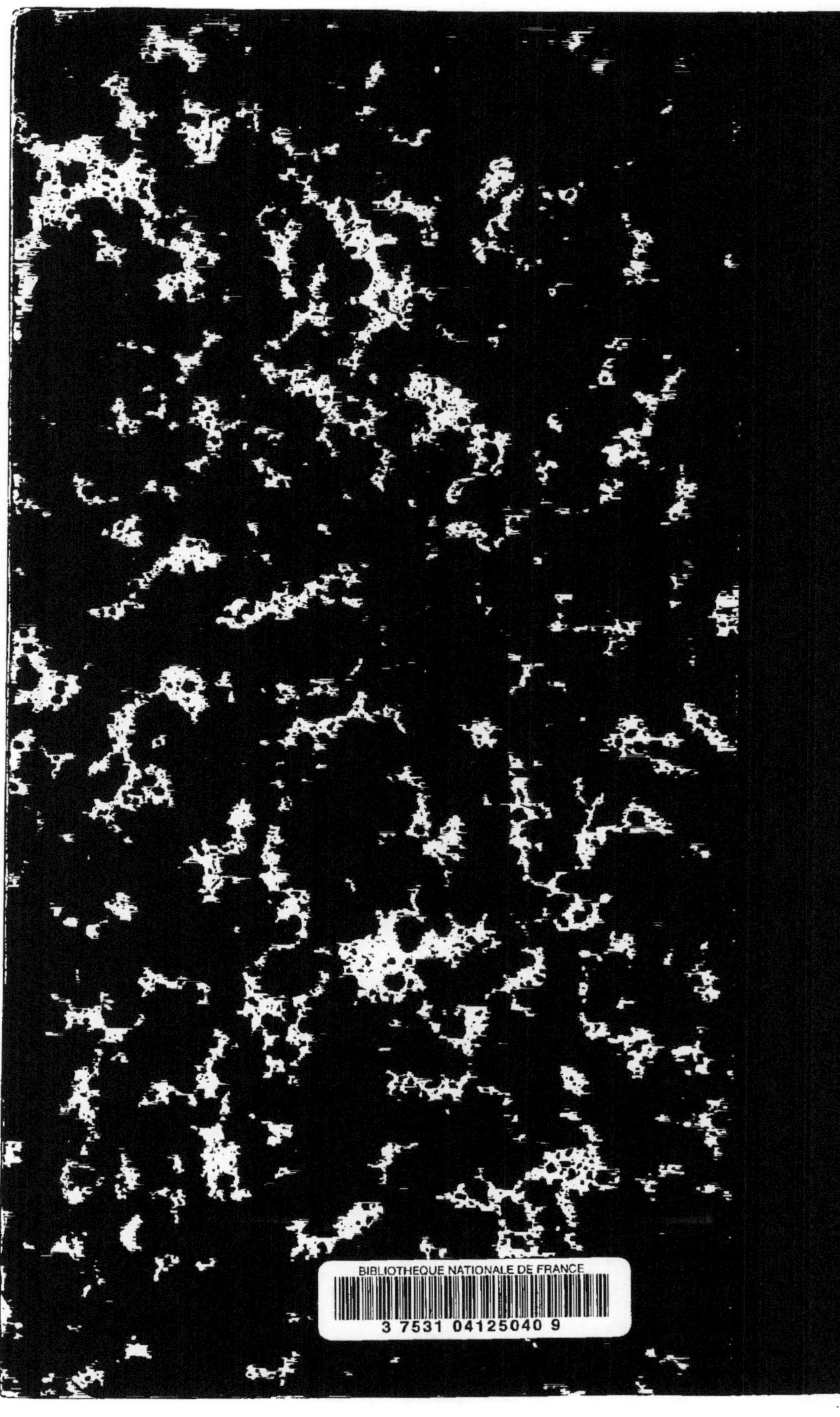